Grootste wetenschappelijke ontdekkingen van de 20e eeuw: een monografie

Enkele jaren geleden heb ik besloten om wat te verkennen

van de grote ontdekkingen in de wetenschap in de twintigste eeuw. Ik wilde weten: Hoe wetenschappelijke ontdekkingen gebeuren? Welke ontdekkingen zijn ongeluk en die opzettelijk zijn?

Zijn er gemeenschappelijke patronen van de ontdekking?

Hoe doe stijlen van werken en denken variëren

ene wetenschap de volgende en van de ene

wetenschapper naar de volgende? Hoe werkt de creatieve

proces in de wetenschap te vergelijken met de creatieve

proces in de geesteswetenschappen en de kunsten?

Ik begon door te vragen mijn vrienden-astronomen,

natuurkundigen, biologen, chemici te nomineren

de grootste ontdekkingen in de twintigste eeuw in hun vakgebied. Ik kreeg zo'n honderd

nominaties, en ik gewand de lijst naar beneden

tweeëntwintig.

Elk van deze tweeëntwintig ontdekkingen heeft

ingrijpend veranderde de manier waarop we onszelf en onze plaats in de wereld te bekijken. De oorspronkelijke ontdekking papieren zelf had een magische

voor mij. Ik heb me vaak verbaasd waarom geweest, in de

geesteswetenschappen, de oorspronkelijke literatuur lezen we altijd, maar in de wetenschap dat we zelden doen. ik denk dat

het is mede in verband met de mythe dat in

wetenschap is het alleen de onderste regel dat telt.

Maar in de originele papieren kunnen we horen de

stemmen van de wetenschappers; we kunnen volgen hun

lijnen van het denken; kunnen we de grote denkers zien

worstelen om hun plaats in het begrijpen

wereld. De originele papieren hebben iets

dat er geen leerboek samenvatting kan vervangen.

De grote ontdekkingen van de twintigste eeuw dat ik koos om te studeren zijn:

Ontdekking van de quantum in 1. Max Planck

1900 bleek dat energie niet doorlopend

als mensen geloofden, maar eigenlijk komt in kleine klontjes genaamd quanta. Zijn bevindingen een revolutie in de kwantumfysica en veel van de

computer technologie die we vandaag hebben.

2. In 1902, twee Britse fysiologen, William

Bayliss en Ernest Starling, ontdekte de

eerste menselijke hormoon. Een paar jaar later, hebben we

besefte dat hormonen vormen een tweede

mechanisme na het zenuwstelsel, voor

het lichaam te communiceren met zichzelf.

3. Albert Einstein 1905 ontdekking dat licht

is niet een continue stroom, maar komt in kleine

deeltjes, legde de fundamenten van de quantum

mechanica.

4. Einstein's tweede grote ontdekking dat

Hetzelfde jaar waarschijnlijk de grootste ontdekking

in de fysica van alle tijden-was de speciale relativiteitstheorie.

Hij toonde aan dat de stroom van de tijd is niet absoluut, als het lijkt, maar is eigenlijk ten opzichte van elke waarnemer.

Hoe weet wetenschappelijke ontdekkingen gebeuren? Hoe werkt het creatieve proces in de wetenschap

vergelijk de creatieve

proces in de geesteswetenschappen

en de kunsten?

5. In 1911, Ernest Rutherford vond de kern van het atoom-een fractie van het volume van het atoom dat bijna het bevat

massa hele atoom. Als de hele atoom waren

de grootte van Fenway Park, de kern zou

zijn de grootte van een marmer.

6. Henrietta Leavitt, een astronomisch assistent aan de Harvard College Observatory,

een paper gepubliceerd in 1912, dat liet zien hoe

de afstand tot de sterren, een bevinding van immens belang in de astronomie te meten.

7. In 1912, ook, Max von Laue ontdekt dat er een

Werkwijze voor het meten van de inrichting van

atomen in vaste stof met röntgenstraling.

8. Niels Bohr, de grote Deense natuurkundige, zet

samen de ideeën van Planck, Einstein, en

Rutherford in 1913 te bouwen, in theorie,

de eerste quantum model van het atoom.

9. In 1921, Otto Loewi ontdekt dat zenuwen

communiceren met elkaar secretie

van een chemische stof.

10. Werner Heisenberg, een van de oprichters

van de moderne quantumfysica, publiceerde zijn

beroemde Onzekerheidsprincipe in 1927. Zij stelt onder andere dat we kunnen niet

voorspellen met volledige nauwkeurigheid van de toekomst

uit het heden, zelfs als we wisten dat alle wetten

van de natuurkunde. Het probleem is dat we niet kunnen

meten of weet, de posities en snelheden van deeltjes, of zelfs een enkel deeltje ten

elke eerste moment van de tijd. Bovendien

het hebben van betekenis voor de natuurkunde, deze ontdekking

heeft grote filosofische, theologische en

ethische betekenis.

11. Linus Pauling, in 1928, publiceerde zijn eerste

papier op het begrijpen van de chemische

bond, de krachten die twee of meer atomen

samen een molecuul. Pauling is de

enige persoon die de Nobelprijs in hebben gewonnen

zowel een gebied van wetenschap en in vrede.

12. Het maken uitgebreid gebruik van Henrietta Leavitt's eerdere werk, Californië astronoom

Edwin Hubble, in 1929, vond bewijs dat het heelal uitdijt.

13. In 1929, Alexander Fleming publiceerde zijn

papier op penicilline, het eerste antibioticum dat

tot de gehele medische revolutie heeft

gered miljoenen levens.

14. In 1937, Hans Krebs ontwikkeld wat nu

genoemd Krebs cyclus: de volgorde van chemische reacties waarbij voedsel wordt omgezet in

energie in individuele cellen.

15. De fysicus Lise Meitner en chemicus Otto

Hahn ontdekt kernsplijting in 1939 in een

experiment dat bestond uit bombarderen

uranium atomen met neutronen. in vorige

experimenten, wanneer je een zeer gebombardeerd

zware atoom zoals uranium met een klein subatomair deeltje, u alleen gechipt een beetje af van

de grotere kern. Hahn verwachtte

vinden andere atomen in het puin dat gewoon waren

iets minder massief dan uranium. Maar in zijn

chemische test, vond hij dat, na het bombardement, leek de overblijfselen aan het hebben

chemische eigenschappen van barium, waarvan de helft

de massa van het uranium. Het was alsof het uranium

kern was in tweeën gesplitst door een verkleinwoord

neutron, vergelijkbaar met het splitsen van een berg

twee met een steen uit een katapult. Hahn deed

het experimentele werk en Meitner gemaakt

de theoretische interpretatie.

Hahn schreef in zijn krant: "Als chemici, we

moeten echt het verval regeling gegeven herzien

en voeg het symbool voor barium plaats van het symbool radium, wat erg

dicht bij uranium. Aangezien nucleaire apotheek werken dichtbij de fysica,

We kunnen ons niet nog brengen dergelijke nemen drastische stap, die gaat tegen alle eerdere ervaring in de kernfysica. Er kon, misschien, zijn een reeks ongewone toevalligheden die ons valse aanwijzingen Of hebben gegeven. " Natuurlijk leren we binnenkort later dat zijn testen waren juist: hij was het opsporen barium, en Dit was het begin van het nucleaire tijdperk.

16. Barbara McClintock in 1948 ontdekt dat genen rond individuele kon bewegen chromosomen. Voor die tijd, mensen dachten het chromosoom was als een vaste keten, met vaste verbindingen.

17. Rosalind Franklin, James Watson, en Francis Crick ontdekten de structuur van dna in 1953.

18. Max Perutz, een fysisch chemicus, ontdekte de structuur van hemoglobine in 1960.

19. In 1965, Robert Wilson en Arnold Penzias ongeluk de radiogolven ontdekt

overgebleven van de Big Bang. Robert Dicke, een

Princeton fysicus, die zowel een experimentator en een theoreticus was, eerst geïnterpreteerd

hun ontdekking. In feite, een paar maanden eerder,

Dicke had voorspeld dat radiogolven links

over van de Big Bang moet worden doordringende

alle ruimte. Hij werd de bouw van een experimenteel apparaat dat deze radio zou detecteren

golven wanneer Penzias en Wilson vertelde hem

dat ze deze radio gesis in hadden gevonden hun

antenne die ze niet herkenden. Dicke

realiseerde zich dat ze inderdaad de ontdekking dat hij nog maar een maand of twee weg had gemaakt

van het maken van zichzelf. Penzias en Wilson

Uiteindelijk won de Nobelprijs.

20. In 1967, Steven Weinberg onafhankelijk

ontdekten de eerste moderne verenigde theorie

natuurkunde, blijkt dat twee fundamentele

krachten waren eigenlijk een deel van dezelfde kracht.

21. In 1969, Jerry Friedman, met Henry Kendall en Richard Taylor, ontdekte quarks.

Het quark is de kleinste bekende elementaire beetje materie. Toen we op school, we kregen te horen dat het proton en het neutron zijn de kleinste deeltjes in de kern van de atoom. Sindsdien hebben we geleerd dat elke proton en neutron bestaat uit drie quarks.

22. In 1972, Stanford bioloog Paul Berg ontdekte recombinant DNA, waar twee strengen van DNA van verschillende organismen worden samengevoegd tot een nieuwe streng creëren DNA en een veranderde vorm van leven die nooit eerder in de natuur bestond.

* * *

Er zijn twee bijzondere ontdekkingen die ik zou graag in meer detail beschrijven: Men is Otto Loewi's ontdekking dat zenuwen communiceren met elkaar de afscheiding van een chemische stof. De andere is Henrietta Leavitt's ontdekking een methode om de afstanden tot sterren meten.

In een van de meest opmerkelijke verhalen van

wetenschappelijke ontdekking, Otto Loewi herinnerde zich hoe

het idee voor het testen van de manier waarop zenuwen communiceren kwam tot hem in een droom: "De avond voor Pasen zondag van [1921] ik wakker werd, draaide

aan het licht, en noteerde een paar noten op

een klein stukje papier. Dan slaap viel ik weer.

Het kwam bij mij om zes uur in de ochtend dat tijdens de nacht dat ik had opgeschreven

iets wat de meeste belangrijk, maar ik was niet in staat

De eerste categorie is het

ongeval, waarbij de

wetenschapper ontdekt

iets wat hij of

ze was niet op zoek naar

naar de krabbel te ontcijferen. De volgende nacht, bij

3:00 in de ochtend idee geretourneerd. Het was een ontwerp van een experiment

bepalen of de hypothese

chemische transmissie [van het zenuwstelsel impuls, van zenuwen naar hun organen] waar was.

Ik kreeg meteen op, ging naar het laboratorium

en voerde een eenvoudig experiment op een kikker deel volgens de nachtelijke ontwerp. . . . '

Op het moment van zijn droom in 1921, het goed was bekend dat het zenuwstelsel is het belangrijkste middel van communicatie in het lichaam. Het was ook bekend dat, bij een individu zenuw, de communicatie-signaal is elektrische. Wat was niet bekend was hoe de zenuwen overgebracht hun impulsen van de ene zenuw naar de volgende, of van een zenuw aan een orgaan. Met andere woorden, hoe denk zenuwen praat met de rest van het lichaam? meest biologen geloofden dat zenuwen gecommuniceerd met andere zenuwen en organen door elektriciteit. In deze visie, kleine elektrische stromen zou van de ene zenuw naar de volgende.

Loewi's late-night-experiment was niet alleen eenvoudige maar elegante. Hij nam de harten van twee kikkers en verwijderde alle zenuwen van de tweede hart. In beide harten hij gestoken een metalen buis gevuld met Ringer oplossing, die overeenkomt met de concentratie van zouten in het lichaam

en blijft geïsoleerd harten leeft. Het is moeilijk te

voorstellen, maar deze harten waren nog kloppende

buiten de dieren. Loewi vervolgens gestimuleerd de nervus vagus van de eerste hart-het

hart dat de zenuwen had er nog aan. de

nervus vagus vertraagt de functies van de organen, en de snelheid van het hart van het kloppend vertraagd

is als verwacht.

Na een paar minuten nam hij de vloeistof uit

de eerste hart en goot het in de buis in te gaan op de tweede, krachteloze, hart. de

tweede hart vertraagd, net alsof zijn eigen

nervus vagus was gestimuleerd. toen hij

gericht op het gaspedaal zenuw, die

versnelt alle functies. Toen hij stimuleerde

het gaspedaal zenuw van de eerste hart, het

versneld. Hij nam toen de vloeistof uit de

buis die vastgezeten had in de eerste hart

en goot het in de buis in te gaan op de

tweede hart, dat versneld ook. De resultaten mits sluitend bewijs dat de

transmissie van een zenuw aan een orgaan, of

van een zenuw naar de andere zenuw, is chemische,

niet elektrisch. De gestimuleerd zenuw uitgescheiden

een chemische stof. Loewi had neurotransmitters ontdekt.

Henrietta Leavitt blijft grotendeels onbekend

aan het publiek. Meest astronomie boeken, zelfs

vandaag, bevatten slechts een paar zinnen over

haar. Ze kreeg geen medailles, geen eer, geen

awards, en geen eredoctoraten tijdens haar

mensenleven. Ze liet slechts een zeer klein

aantal letters, meestal geschreven aan Edward

C. Pickering, de directeur van het Harvard College Observatory, waar ze werkte. er

is een recent boek over Henrietta Leavitt door

George Johnson, dat de meeste bevat

wat is er weinig bekend over haar.

Leavitt ontwikkelde een belangrijke nieuwe methode

voor het meten van de afstand in de astronomie. wanneer

je buiten op een heldere nacht en kijk omhoog

in de lucht, zie je slechts een tweedimensionale

image. Je weet niet hoe ver weg die

minuscule lichtpuntjes zijn. Als alle sterren dezelfde gehad

lichtkracht-denken van lichtsterkte als wattage-dan is de dichter die zou verschijnen

helderder en de verdere degenen dimmer, en

je kon afstand oordelen door helderheid. maar,

in feite, sterren komen in een breed scala van helderheid. Dus als je een beetje licht zien dat er in de ruimte,

je weet niet of het is het equivalent

van een 1-watt penlight dat is erg in de buurt, of een

10.000 watt schijnwerper dat ver weg is.

Zonder te weten de afstand tot objecten in

ruimte, hebben we niet weten niets over de

kosmos buiten het zonnestelsel: we deden niet

weten hoe groot ons melkwegstelsel is of dat er

zijn andere sterrenstelsels in aanvulling op onze. Wat

we nodig hebben is een klein label op elke ster ons te vertellen

wat zijn vermogen is. Henrietta Leavitt gevonden

Een manier om dat kleine label op elke ster.

Ze gaf de astronomie de derde dimensie.

Leavitt werd geboren op 4 juli 1868 in Lancaster,

Massachusetts. Zij was de dochter van een

Congregationalist minister, en ze bleef

religieuze haar hele leven. Ze is nooit getrouwd.

Van 1888-1892 studeerde ze klassiekers, talen, en astronomie aan de Vereniging voor

Collegiale Instructie van Vrouwen in Cambridge, die nu Radcliffe College.

In 1895 werd ze een vrijwilliger assistent bij

het Harvard College Observatory, lid worden van een

dozijn andere vrouwen die werkten voor

haar dictatoriale directeur, Edward C. Pickering.

Zulke vrouwen werden genoemd computers: ze

letterlijk berekend. Werken in twee kamers op

het Harvard College Observatory met ongeveer

acht vrouwen naar een kamer, ze deden ongelooflijk

zorgvuldige werk. Fotografie was net

in de astronomie rond 1900 of zo. Hiermee

kwam de mogelijkheid om grote hoeveelheden analyseren

gegevens, omdat een fotografische plaat kon

houdt u de beelden van een duizend of meer sterren.

Deze vrouwen computers werden ingehuurd om te kalibreren en analyseren van elk van deze kleine punten

van licht op de fotografische plaat. aangezien deze

waren negatieven, waren ze zwarte punten. u

kan zich voorstellen hoe vervelend en nauwgezette

dit werk was. Pickering ingehuurd deze vrouwen

omdat hij ze veel minder dan kon betalen

hij zou hebben gehad om een man te betalen aan het doen

hetzelfde werk-en als je had al deze data

te analyseren, moet je een goedkope bron van arbeidskrachten nodig. Aan de andere kant, was de eerste gelegenheid voor veel vrouwen in de Verenigde

Staten voor een wetenschappelijke loopbaan te beginnen.

Een familie-crisis in 1900 genoemd Leavitt weg

van het observatorium. Na een afwezigheid van

twee jaar, schreef ze aan Pickering: "Ik ben meer

jammer dan kan ik u vertellen dat het werk dat ik ondernam met dergelijke vreugde, en vervoerd naar een

zekere hoogte met zoveel genoegen moet worden

links onvoltooide. "Maar in 1902, op de leeftijd van

vierendertig, kwam ze terug naar de Harvard

College Observatory en werd full-time ingehuurd,

op een salaris van dertig cent per uur, wat overeenkomt met de huidige dollar tot ongeveer acht

dollar per uur. Ze werd geleidelijk doof.

Dus stel je voor haar te werken aan deze fotografische platen met duizend kleine plekjes

Op elke plaat in een wereld van stilte.

De tweede categorie,

die zeer ijl is

'Principes als eerste. "Hier wordt de

wetenschapper begint met een filosofische principe en vervolgens

onderzoekt de gevolgen

van dit beginsel.

De derde categorie is de

tijdige aanwijzing, waarbij de

wetenschapper wordt geconfronteerd met

een belangrijke aanwijzing net aan

het moment waarop hij

worstelen met een erkende problem.Communication

Het project Pickering toegewezen haar, wat resulteert

in haar grote bijdrage in de astronomie, was

om een bepaalde soort ster heet een cepheïde analyseren. Deze sterren, in tegenstelling tot onze zon,

niet constant in de helderheid blijven; in plaats daarvan krijgen ze helderder, dan dimmer, dan

helderder dan dimmer, in een regelmatige, periodieke

wijze, in cycli variërend van één dag tot dertig

dagen. Leavitt's opdracht was om te meten

de cyclustijden en de helderheden van een

groep van zwakke Cepheïde sterren, allemaal dicht tegen elkaar in een bepaalde regio van de ruimte genoemd

de Kleine Magelhaense Wolk. Leavitt deed dit

werken door vergelijking fotografische platen genomen op verschillende tijdstippen en het bepalen welke

kleine zwarte vlekken waren groter geworden en

welke waren hetzelfde blijven. Ze merkte een patroon, een onverwachte één: hoe helderder Cepheïde sterren hadden langere cyclustijden. de

correlatie was goed genoeg dat ze

kan de helderheid van een Cepheid afleiden door het meten van de cyclustijd.

Deze bevinding was kritisch, omdat al deze

sterren waren in hetzelfde gebied van de ruimte, en

zodat het kan worden aangenomen dat ze waren allemaal

fysiek dicht bij elkaar. Als ze allemaal erg

dicht bij elkaar, dat betekent dat het helderder

sterren eigenlijk een hogere helderheid. het is

als het zien van een bos van lichten in een verre van-

Fice gebouw. Omdat de lampen zijn allemaal in

dezelfde locatie, weet je hoe helderder

die hebben een grotere intrinsieke helderheid, of

hoger wattage.

Leavitt had in feite een manier gevonden om te zetten dat

tag op een Cepheïde ster door de ontdekking van een correlatie tussen intrinsieke helderheid en fietsen

tijd. Zodra we weten dat de intrinsieke vermogen van

een ster, kunnen we de afstand door hoe te meten

helder lijkt.

Haar werk werd gepubliceerd in een drie pagina's papier

in het Harvard College Observatory Nieuwsbrief,

ondertekend door Pickering. In 1918, Harlow Shapley,

die later directeur van het Observatorium en de voorzitter van de Amerikaanse zou worden

Academie, gebruikte haar methode voor het meten kosmische afstand tot de grootte van onze melkweg te meten,

de Melkweg. In 1924, Edwin Hubble gebruikt

Leavitt's bevindingen aan te tonen dat andere sterrenstelsels

liggen dan de onze, en in 1929, haar werk gebruikt hij

aantonen dat het universum als geheel groeit. Het spelen van die expansie achteruit in

tijd, konden we concluderen dat het universum als geheel begon ongeveer 10 miljard jaar

geleden. Al deze ongelooflijke ontdekkingen kwam

van Henrietta Leavitt's aanvankelijke bevinding van hoe

om de afstanden tot sterren te meten.

Titel Leavitt's aan de Harvard College Observatory, van het begin tot het einde, was

"Assistent." Ze heeft nooit voor iets gevraagd

meer. Ze stierf aan kanker op 12 december,

1921, op de leeftijd van drieënvijftig, onbekend met bijna

iedereen behalve een paar astronomen die waren bewust van haar werk. Kort voor haar dood, Henrietta Leavitt schreef haar wil verlaten haar bezittingen aan haar moeder: boekenkast en boeken, $ 5; kamerscherm, $ 1; vloerkleed, $ 40; tafel, $ 5; stoel, $ 2; bureau, $ 5; ledikant, $ 15; twee matrassen, $ 10; een obligatie van $ 100 nominale waarde; één binding op $ 48,56; één band op $ 50. Harvard astronoom Solon Bailey dit schreef over Leavitt in haar 1922 doodsbrief: "Haar gevoel van plicht, rechtvaardigheid en loyaliteit was sterk. missen Leavitt was van een bijzonder rustig en met pensioen natuur, en verdiept in haar werk om een uusual graad. "Drie jaar na haar dood, in 1925, Professor Mittage-Leffler van de Zweedse Academie van Wetenschappers schreef een brief aan Henrietta Leavitt, zeggend dat hij graag zou willen nomineren haar voor een Nobelprijs. Hij deed het niet weten dat ze drie jaar eerder was overleden.

* * *

Vanuit mijn steekproef van deze tweeëntwintig ontdekkingen, heb ik geprobeerd om te zien of ik kan maken

generalisaties. Ik heb ontwikkeld wat men

misschien een taxonomie van wetenschappelijke ontdekking noemen,

waarin ik alle ontdekkingen hebt gegroepeerd

in zes categorieën. Natuurlijk, een dergelijke taxonomie is subjectief; niemand weet precies

wat er gaande is in het creatieve proces. de

echte test is om te zien of dit systeem geldt voor de ontdekkingen in de negentiende eeuw, de achttiende eeuw, en ga zo maar door.

De eerste categorie is het ongeval, waarin

de wetenschapper ontdekt iets dat hij of

ze was niet op zoek naar. Ongeveer een kwart van

de ontdekkingen die ik keek vallen in deze

categorie. De ontdekking door Penzias en Wilson in 1965 van de achtergrondstraling stralingsgevoelige deze radiogolven, is een voorbeeld van

een ongeval. Alexander Fleming's ontdekking

van penicilline in 1928 was ook een ongeluk. hij

kwam in zijn laboratorium op een dag en vond

witte pluisjes groeien op zijn stafylokokken kolonies; wanneer het raakte de kolonies, die werden gedood.

De tweede categorie, die is erg ijl,

is 'principes als eerste.' Hier begint de wetenschapper

met een filosofisch principe en daarna onderzoekt de gevolgen van dit beginsel.

De premier voorbeeld hiervan is Einstein's

ontdekking van de manier waarop de tijd zich gedraagt, de speciale relativiteitstheorie. Hier, Einstein

begonnen met de filosofische principe dat

Er is niet zoiets als een toestand van absolute

rusten in het universum. Als je in een auto die met een constante snelheid en trok de tinten

naar beneden, zodat je niet kon kijken uit het

venster, zou je niet kunnen vertellen hoe

snel je beweegt, of zelfs als je beweegt

helemaal. Vanuit dit principe, Einstein afgeleid

alle van de vergelijkingen van de speciale relativiteitstheorie.

De derde categorie is de tijdige aanwijzing, waarin

de wetenschapper wordt geconfronteerd met een belangrijke

aanwijzing net op het moment dat hij worstelt

met een erkend probleem. Ontdekking Barbara McClintock in de late jaren 1940 dat de genen

kan rond op chromosomen is een

voorbeeld van dit type. Ze was een poging om

begrijpen hoe-pigment controlerende genen

werden aan en uit draaien in de groeicyclus

van een enkele maïsplant. Het verschijnsel bleek niet in willekeurige mutatie maar in sommige

regelmatige manier. Op een dag in 1946, terwijl

op de gekleurde strepen op de bladeren van haar

maïsplant, merkte ze dat deze mutaties

kwam in paren. Dat was de kritische hint ze

nodig.

De vierde categorie analogie waarbij de

wetenschapper geldt een concept of een patroon van

een eerdere probleem. Een goede illustratie van

Dit is ontdekking van de chemische reacties waarbij energie vrijkomt in Krebs

Een individuele cel. Een paar jaar eerder had hij

ontdekte een andere cyclus in de biochemie,

de "ornithine cyclus" die begint met een

chemische stof genaamd ornithine, verandert dan in

citrulline, die overgaat in arginine, alvorens terug in ornithine. Daarbij ammoniak, dat toxisch is voor het lichaam,

geabsorbeerd en ureum wordt afgegeven. Krebs had

het idee van cycli in zijn geest.

De vijfde categorie is nieuw gereedschap. soms

een nieuw instrument komt langs, waaraan een

bijzonder wetenschapper heeft exclusieve toegang, en

hij of zij gebruikt het om een grote ontdekking te maken. een

voorbeeld is de ontdekking van de Edwin Hubble

expansie van het heelal. Ik zeg niet dat

Hubble was niet een briljante man, maar hij had

exclusieve toegang tot de nieuwe honderd-inch

Hooker telescoop op Mt. Wilson. Andere astronomen waren bezig met het zelfde probleem, maar Hubble had de grootste telescoop in

de wereld.

De laatste categorie, die hoop geeft voor mij

en voor veel mensen, is wat ik noem de 'lange

halen, 'waarin er geen enkele inzicht,

noch een briljant idee, maar langzame, gestage,

geëngageerde, incrementele werk over een lange

tijd dat een grote ontdekking produceert. Een voorbeeld is Max Perutz ontdekking

van de driedimensionale structuur van hemoglobine, die hem tweeëntwintig jaar duurde,

1938-1960.

Er zijn een aantal gemeenschappelijke patronen in deze

zes categorieën van de ontdekking. De meeste ontdekkingen

omvatten synthese, waarbij de wetenschapper

brengt strengen van informatie uit

eerdere ontdekkingen. Bijvoorbeeld, de ontdekking van de quantum atoom van Bohr gebruikt het werk van

Planck, Einstein, en Rutherford.

De laatste categorie. . . is

wat ik noem de 'lange adem'

waarbij er geen enkel inzicht, noch een enkel

briljant idee, maar langzaam,

gestage, toegewijd, incrementele werk over een lange

tijd dat een grote ontdekking produceert.

Een ander patroon dat optreedt in veel, maar niet

al ontdekkingen is de volgende reeks

gebeurtenissen: Eerst komt het onderzoek en hard werk, wat leidt tot wat ik noem 'de bereide erg.' Dan zal een wetenschapper vast komen te zitten op een probleem. Tenslotte, na vastzitten, hij zal een verschuiving in perspectief, een nieuwe manier hebben kijken naar het probleem. Lise Meitner's begrip van nucleaire ½ssion volgde deze patroon. Dus deed Watson, Crick en Franklin's ontdekking van de structuur van DNA. En anderen ook.

De voorbereide geest is van cruciaal belang. Ik weet het niet van enige voorbeelden van grote wetenschappelijke ontdekkingen in de twintigste eeuw gemaakt door ongetrainde amateurs. Zelfs wanneer de ontdekking was per ongeluk, zelfs wanneer de wetenschapper was niet op zoek naar de ontdekking, zijn of haar geest was bereid om belang van de ontdekking te realiseren. Vast te zitten is ook een zeer belangrijk onderdeel van het creatieve proces. deze frustrerende mentale conditie-nadat je je hebt gedaan huiswerk, nadat je weet wat het belangrijkste probleem dat moet worden opgelost is-een of andere manier katalyseert de creatieve verbeelding.

Ik heb dit patroon van ontdekking gezien in de kunsten en de wetenschap. Als zowel een romanschrijver en een natuurkundige, heb ik dit patroon meegemaakt van de ontdekking. Ik herkende het zelfde patroon als schrijvers en acteurs praten over hun creatieve proces. Laat ik las een fragment uit The Paris Review, die een prachtig heeft, lange reeks van interviews met schrijvers. In 1990, Wallace Stegner commentaar: "Ik niet op zoek gaan naar projecten. soms ze verschijnen voor mijn ogen, en soms ze groeien gedurende een lange periode, zoals ik kroost. "Met het geval van Crossing naar veiligheid, een van zijn romans, zei hij: "Ik wist vanaf het begint het zou gaan om een boek te zijn. u dat gevoel. Het is als een vis aan de lijn. Maar ik wist niet wat boeken het zou gaan zijn. Ik had om te ontdekken dat met vallen en opstaan. " In Janet Sonenberg's boek Spreekt The Actor:

Vierentwintig Acteurs Talk About Proces en Techniek, John Turturro (die was in onder

andere dingen, Barton Fink en The Secret Window) schreef: "Zodra dynamische van de scène is

begint te komen, ik ga met het en dan proberen

om het te verschuiven, ook, net zoals je zou doen in het leven. de

verschuiven is belangrijk. Dan, als ik het kan krijgen

het moment dat ik weet dat wat er gebeurt, en ik weet niet wat ik doe, dat is

inspiratie. Ik heb al mijn werk gedaan, en dan

Ik probeer deze andere levende dimensie te bereiken. "

Tot slot is er geen enkele wetenschappelijke persoonlijkheid. Een wetenschapper kan gedurfde en zelfverzekerd te zijn,

als Einstein of Rutherford of Watson. Een wetenschapper kan ook bescheiden en stil te zijn, net als Leavitt of Krebs of Vlaming of Meitner. William

Bayliss, die de eerste hormoon in ontdekt

1902, was voorzichtig, zorgvuldig, in liefde met

de details. Zijn medewerker, Ernest Starling,

was juist het tegenovergestelde. Hij was levendig, ongeduldig,

voornamelijk actief in de brede zwaai van de dingen.

Wat al deze mannen en vrouwen voor gezamenlijke

en zag ik in elke ontdekking,

of de mensen ontvangen aanmoediging

of ontmoediging van hun ouders, of ze waren de revolutionaire type of de

terugtrekt type was een passie om te weten, een pure

plezier in het oplossen van puzzels, een onafhankelijkheid

van de geest. De Amerikaanse bioloog Barbara

McClintock herinnerd dat op de middelbare school wetenschap klassen, "Ik zou een deel van de problemen op te lossen op een manier die niet de antwoorden van de waren

instructeur verwacht. Het was een geweldige

vreugde, het hele proces van het vinden van dat antwoord,

een puur genot. "Toen de Duitse kernfysicus Lise Meitner een klein meisje was, haar grootmoeder waarschuwde haar dat ze nooit moeten naaien

op de sabbat, omdat de hemel zou

kom naar beneden tuimelen. Dus het meisje besloot een experiment te doen. Ze raakte haar

naald met haar borduurwerk, wachtte, en keek

up; maar er gebeurde niets. Toen nam ze een

enkele steek, wachtte, keek op, en niets

gebeurd. Tot slot, ervan overtuigd is dat haar grootmoeder zich vergist had, ging ze verder met haar naaien!

www.ingramcontent.com/pod-product-compliance
Lightning Source LLC
Chambersburg PA
CBHW070730180526
45167CB00004B/1696